Marietta Michna

District Six zwischen Entstehung, Zerstörung und Wiederaufbau

Zur Geschichte, Gegenwart und Zukunft des Kapstadter Bezirks

GRIN Verlag

Bibliografische Information der Deutschen Nationalbibliothek:

Die Deutsche Bibliothek verzeichnet diese Publikation in der Deutschen National-
bibliografie; detaillierte bibliografische Daten sind im Internet über http://dnb.d-
nb.de/ abrufbar.

Impressum:

Copyright © 2008 GRIN Verlag GmbH
Druck und Bindung: Books on Demand GmbH, Norderstedt Germany
ISBN: 978-3-640-35994-3

Institut für Geografie

District Six

zwischen Entstehung, Zerstörung und Wiederaufbau

eingereicht von:

Marietta Michna

Master Regionalwissenschaften

Inhaltsverzeichnis

1   Einleitung

Im Laufe der Geschichte haben viele Länder durch die Klassifizierung von Menschen in Rassen auf sich aufmerksam gemacht. In Afrika trat dieses Phänomen insbesondere aufgrund der Kolonialisierung durch die Europäer auf. Auch Südafrika ist eines dieser Länder, die davon betroffen waren. Seit Anbeginn des Sesshaftwerdens europäischer Siedler auf der Kaphalbinsel traten Probleme zwischen den Siedlern und den bereits ansässigen Völkern auf, welche in der Apartheid ihren Höhepunkt fanden.

Im Zuge der Apartheid und der damit verbundenen rechtlichen Restriktionen für die Einwohner Südafrikas wurden vor allem die Städte durch die spezielle Stadtplanungspolitik der Apartheid-Regierung beeinflusst. Dabei gibt es Gebiete, die durch besonders tragische Schicksale Geschichte geschrieben haben. Drastische Beispiele sind Gebiete, aus denen während der Apartheid alle Einwohner (in diesen Fällen Schwarze und Coloured) zwangsumgesiedelt wurden, um diese Bereiche als Wohngebiete für weiße Einwohner frei zu machen. Zu nennen sind in diesem Zusammenhang Viertel wie Cato Manor in Durban, Sophiatown in Johannesburg und der District Six in Kapstadt.

Diese Arbeit wird sich im Speziellen mit der Geschichte und der Entwicklung des District Six beschäftigen, da dieser eine Besonderheit gegenüber den anderen eben genannten Gebieten aufweist: der District Six wurde – im Gegensatz zu Sophiatown und Cato Manor – trotz ursprünglicher Planung nur in geringem Maße wieder bebaut und ist deshalb besser bekannt als eine Brachfläche, die an die Innenstadt Kapstadts anschließt. Kein anderes Viertel Südafrikas wurde zudem so stark umkämpft und hat auch international soviel Aufsehen erregt. Seit einigen Jahren läuft nun ein aktiver Prozess zur Wiederbelebung des District Six, dessen Darstellung ebenso Schwerpunkt dieser Arbeit sein soll.

Um Problemen bei der Begriffsverwendung vorzubeugen, erfolgt zu Beginn der Arbeit eine Definition der wichtigsten Begriffe, die im Zusammenhang mit dem Thema stehen.

Anschließend soll eine Darstellung der bedeutsamsten Gesetze bezüglich der Rassentrennung in Südafrika eine Grundlage schaffen, um die weiteren Entwicklungen im District Six und deren rechtliche Legitimation zu verstehen.

Nach einem historischen Aufriss des District Six, welcher die Hintergründe der Entwicklungen in diesem Gebiet aufzeigen und damit dessen spezielle Geschichte herausarbeiten soll, wird die aktuelle Situation beleuchtet und in einem abschließenden Teil zukünftige Entwicklungsmöglichkeiten aufgezeigt.

2   Begriffsdefinition

Mit dem Ziel einer einheitlichen Begriffsgrundlage, erfolgt eine kurze Erklärung der in der vorliegenden Arbeit verwendeten Begriffe der unterschiedlichen Bevölkerungsgruppen Südafrikas.

Die Kapstädter Stadtregieung nahm bereits im Jahr 1900 eine Rassenkategorisierung vor, die nachfolgend in der deutschen Übersetzung dargestellt wird. Coloured waren demnach Kapstädter dunkler Pigmentierung, welche Nachkommen von Sklaven und/oder „Gemischt-"Ehen zwischen Khoi und Weißen waren. Khoi wiederum wurden Afrikaner oder Schwarze genannt, die Bantu-Sprachen sprechen. Weiße waren Kolonisten aus Europa oder deren Nachkommen.[1] Die Bezeichnungen schwarz, coloured und weiß galten final für das gesamte Land.

Im weiteren Verlauf der Arbeit werden die eben beschriebenen Begriffe in dieser Form in der deutschen Übersetzung verwendet. Da der Ausdruck „Coloured" als gängiger Begriff in die deutsche Literatur eingegangen ist, wird auch in dieser Arbeit auf eine Übersetzung verzichtet. Zudem wird die direkte Übersetzung „farbig" in der deutschen Sprache eher für Menschen verwendet wird, die in Südafrika als Schwarze gelten würden. Obschon ihrer eindeutigen rassistischen Kategorisierung werden die genannten Begriffe aufgrund fehlender Alternativbegriffe – auch in Post-Apartheid-Südafrika – in der Literatur und aus diesem Grund auch dieser Arbeit weiterhin gebraucht.

Abstand genommen werden soll jedoch von jeder Wertung, die damit in Zusammenhang stehen könnte. So sei an dieser Stelle nur darauf hingewiesen, dass während der Apartheid die Einwohner Südafrikas in acht verschiedene Rassen eingeteilt wurden und durch eine Kennzahl im Pass registriert wurden. Diese nach rein physischen Merkmalen und Abstammung vorgenommene Einteilung von Menschen wird vom Autor als hochgradig diskriminierend bewertet und soll deshalb in dieser Arbeit nicht weiter verwendet werden.

---

[1] Vgl. Bickford, 1990, S.37

3   Rechtliche Grundlagen in Südafrika

3.1   Die Gesetze vor der Apartheid

Um die Situation im District Six zu verstehen, ist es notwendig die Geschichte Südafrikas genauer zu betrachten und unter anderem herauszustellen, welche rechtlichen Grundlagen als Basis für die Handlungen bezüglich des District Six genutzt wurden.

Im Laufe der südafrikanischen Geschichte wurden viele Gesetze erlassen, die das Endziel hatten, alle Bevölkerungsgruppen räumlich und sozial voneinander zu trennen (*Apartheid*, afrikaans: *Trennung*). Am wichtigsten war es in diesem Zusammenhang jedoch die weiße Bevölkerung, die nach der Vorstellung der Apartheid-Regierung allen anderen Bevölkerungsgruppen übergeordnet war, von den übrigen vollkommen abzugrenzen.

Bereits seit den frühesten Ansiedelungen europäischer Siedler in Südafrika im 17. und 18. Jahrhundert gab es Probleme und Kämpfe zwischen den Siedlern und den dort ansässigen indigenen Völkern, wodurch sich sehr schnell eine segregierte Wohnsituation entwickelte.[2]
Die erste rechtliche Festlegung in dieser Hinsicht, die für das gesamte Land galt, wurde jedoch erst 1913 mit dem *Native Land Act* herausgegeben, durch den es Schwarzen verboten wurde außerhalb bestimmter festgelegter Gebiete (mit kleinen Ausnahmen) Land zu besitzen.[3] Durch den *Native Urban Areas Act* aus dem Jahre 1923 wurde diese Bestimmung weiter unterstützt. Diese zweite gesetzliche Festlegung hinsichtlich der Rassentrennung in Südafrika sollte den Zuzug von Schwarzen in urbane Gebiete regulieren (*Influx Control*) und gab den lokalen Entscheidern die Befugnis am Rande der Städte Wohngebiete eigens für Schwarze (so genannte Townships) zu errichten und somit erstmals eine geplante segregierte Wohnsituation zu schaffen.[4]
Bis in die 40er Jahre des 20. Jahrhunderts bezogen sich die Gesetze hinsichtlich der Segregation ausschließlich auf die Ausgrenzung der schwarzen Bevölkerung. Erst dann wurden in Folge ansteigender Proteste Weißer aufgrund des vermehrten Zuzuges von Asiaten und Coloureds in weiße Wohngebiete auch Gesetze für diese Bevölkerungsgruppen landesweit einheitlich festgelegt. Der *Asiatics Land Tenure Act* von 1946, im Volksmund auch *Ghetto Act* genannt, war das erste dieser

---

[2] Vgl. Saff, 1998, S.45.
[3] Vgl. ebd., S. 45
[4] Vgl. ebd., S.45-46

Gesetze. Des Weiteren war er der Grundstein für den 1950 erlassenen *Group Areas Act*, der aufgrund seiner Tragweite wohl das bekannteste Gesetz der Apartheid geworden ist.[5]

3.2   Die Gesetze der Apartheid

Als die National Party, die Partei der Apartheid-Regierung, 1948 an die Macht kam, war die südafrikanische Bevölkerung bereits eine stark segregierte Gesellschaft. Vorrangig war dies in den Städten zu beobachten.

Die National Party (NP) erließ in ihrer Anfangszeit vier ausschlaggebende Gesetze. Der bereits erwähnte *Group Areas Act* wurde der Grundpfeiler für die Apartheid-Reglementierungen.

Um ein Gesetz mit einer Tragweite wie der des *Group Areas Acts* einzuführen, bedarf es an sich einer stichhaltigen Begründung. Die Motive der Apartheid-Regierung – da nicht ganz klar – sind deshalb ein viel diskutiertes Thema. Die NP rechtfertigte die Einführung des *Group Areas Acts* damit, dass durch die Aufteilung in jeweils eigene Group Areas (Wohngebiete nach Rassenunterteilung) Reibereien zwischen den verschiedenen Bevölkerungsgruppen vermindert werden sollten. Ferner war er laut der NP notwendig, um die „westliche Zivilisation zu erhalten", die der Kultur anderer Rassen ihrer Ansicht nach überlegen war.[6]

Wie bereits erwähnt, baute der *Group Areas Act* auf den *Asiatics Land Tenure Act* auf. Aus diesem Grund ist ein weit verbreiteter Gedanke, dass ein Hauptantrieb für das Erlassen des Acts fortwährendes Drängen weißer Händler war, die sich vor allem von den indischen Händlern wirtschaftlich bedroht fühlten und durch den Act dazu gezwungen wurden nur noch in denen ihn zugewiesenen Group Areas Handel zu betreiben.[7]

FESTENSTEIN und PICKARD-CAMBRIDGE argumentieren weiterhin, dass der ökonomische Faktor zwar ein wichtiger gewesen sein muss, für eine Segregation dieser Größenordnung jedoch tief liegendere Ängste und ideologische Gründe der weißen Bevölkerung Motive gewesen sein müssen.[8] Die wahren Beweggründe jedoch können im Nachhinein nur noch schwer durchschaut und bewiesen werden.

Der *Group Areas Act* hob die Segregation der südafrikanischen Bevölkerung auf eine ganz andere – erstmals vollkommen legale – Ebene.

Die effiziente Durchführung des *Group Areas Acts* war dennoch nur durch die Unterstützung dreier weiterer Gesetze möglich: dem *Population Registration Act* (1950), dem *Separate Amenities Act* (1953)

---

[5] Vgl. Saff, 1998, S.46.
[6] Vgl. ebd., S.47-48.
[7] Vgl. ebd., S. 46-48.
[8] Vgl. Festenstein, Cambridge, 1987, S.6.

und dem *Prohibition of Mixed Marriages Act* (1949). Letzterer verbot es außerhalb der eigenen für die jeweilige Person festgelegten Rasse zu heiraten. Dadurch sollte eine weitere Vermischung der Bevölkerung (nach Apartheid-Kriterien) verhindern werden.[9]

GNAD unterteilte das System der Apartheid in drei Ebenen, die Mikro-, die Meso- und die Makro-Ebene, die jedoch miteinander verknüpft sind. Auf der Mikro-Ebene verordnete der *Separate Amenities Act* von 1953 die getrennte Nutzung öffentlicher Einrichtungen – wie Schulen, Bibliotheken und Schwimmbäder – je Bevölkerungsgruppe mit dem Ziel soziale Kontakte zwischen Weißen und Nicht-Weißen künstlich auf ein Minimum zu beschränken. Die öffentlichen Einrichtungen waren vorrangig in den jeweiligen Group Areas angesiedelt. Auf der Meso-Ebene sollte ab 1950 der *Group Areas Act* die räumliche Trennung von Wohngebieten in Übereinstimmung mit der im *Population Registration Act* (1950) festgelegten Rassenkategorisierung erzwingen. In der Qualität und Quantität der jeweils zugewiesenen Räume spiegelten sich auch die Rechte der verschiedenen Bevölkerungsgruppen wieder (s. Abbildung 1 und Tabelle 1).[10]

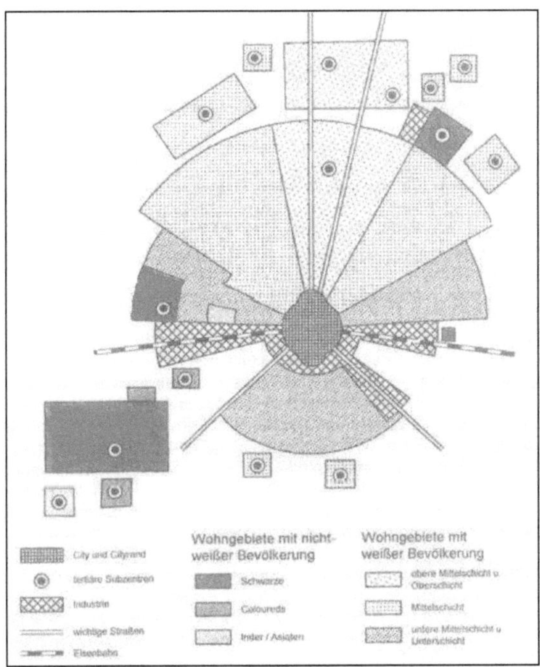

Abb 1.: Die Apartheidstadt – ein Modell
Quelle: Jürgens, Bähr 1998

---

[9] Vgl. Saff, 1998, S.46-48.
[10] Vgl. Gnad, 2002, S.1.

Rasse	Anzahl der Group Areas	%	Fläche in Hektar	%
coloured	561	39,7	104.653	11,6
Inder	266	18,8	52.788	5,9
weiß	586	41,5	741.174	82,5
Total	1.413	100	898.615	100

Tabelle 1: Proklamierte Group Areas: 1957-1989

Quelle: Saff nach South African Institute of Race Relations, 1992a, S. 341

In Tabelle 1 werden zwar Schwarze außer Acht gelassen, diese erhielten jedoch, obwohl sie die Majorität der südafrikanischen Bevölkerung ausmachten, die kleinsten Group Areas.

Auf der Meso-Ebene wurden nicht nur neue Wohngebiete wie die Townships geschaffen, welche dann den unterschiedlichen Rassen zugeordnet wurden, sondern es wurden bereits existierende Wohngebiete anderen Gruppen zugeordnet, als denen die eigentlich dort ansässig waren. Schätzungen gehen davon aus, dass während der Apartheid über ein halbe Million Menschen in Folge dieser Reglementierungen aufgrund von Zwangsumsiedlungen ihre Häuser verlassen mussten.[11] Dies ist ein sehr wichtiger Aspekt für die weitere Geschichte des District Six und den Handlungsstrang der vorliegenden Arbeit.

Eine großräumige Segregation der schwarzen Bevölkerung (auf der Makro-Ebene) versuchte das Apartheid-Regime durch die Schaffung so genannter Homelands umzusetzen. Die Einrichtung dieser Reservate zielte auf eine komplette Ausgliederung der schwarzen Bevölkerung aus dem weißen Staatswesen ab. Die für den Wirtschaftsprozess im weißen Südafrika notwendigen schwarzen Arbeitskräfte sollten nur ein vorübergehendes Aufenthaltsrecht in den Townships der Städte genießen und später in die ihnen jeweils zugeordneten Homelands zurückkehren.[12]

3.3   *Die Abkehr von der Apartheid*

Zum Ende der 60er und in den 70er Jahren des 20. Jahrhunderts brachte die am Beispiel der USA entstandene Black-Consciousness Bewegung heftige Unruhen in das Land. Die damit zusammenhängenden Studentenaufstände und auch die Härte der Polizeieinsätze bei den Unruhen lenkten sowohl den Fokus der Gesellschaft des Landes selbst als auch den des Auslands auf Südafrika. Der im Laufe der Zeit immer größer werdende Druck von innen und außen brachte in den 70er Jahren einige grundlegende Reformen hervor, nach denen zwar die Gesetzespraxis an die

---

[11] Vgl. Saff, 1998, S. 48-50.
[12] Vgl. Gnad, 2002, S.1.

Veränderungen angepasst, der Kerngedanke der Apartheid aber nicht aufgehoben wurde. Die Neuerungen bezogen sich vorrangig auf die Rassentrennung hinsichtlich des Handels und wurden in einer Gesetzesänderung des *Group Areas Acts* im Jahr 1984 festgehalten.[13] Staatspräsident F.W. de Klerk leitete in seiner Amtszeit von 1989-1994 dann eine vorsichtige Abkehr von der Apartheid ein. 1990 wurde die gesetzlich festgelegte Trennung von Weißen und Nichtweißen in öffentlichen Einrichtungen aufgehoben. 1991 folgte die Aufhebung aller Apartheidreglementierungen inklusive des *Group Areas Acts*.[14] Nach den ersten freien Wahlen im Jahr 1994, bei denen der African National Congress (ANC) mit dem inzwischen aus der Haft entlassenen Nelson Mandela an die Macht kam, trat die Interimsverfassung in Kraft. Damit erfolgte auch eine Wiedereingliederung der Homelands in den südafrikanischen Staat.

Diese gesetzliche Aufhebung bedeutet allerdings nicht unmittelbar auch eine vollkommene Abwendung vom Gruppen-Gedanken oder von der damit verbundenen Wohnsituation innerhalb der Bevölkerung. Ferner kann man nicht davon sprechen, dass durch die Aufhebung der Apartheid-Gesetze gleichsam ein monetärer Ausgleich entstanden wäre, weshalb eine Vermischung der Wohngebiete bzw. eine Änderung des Wohnsitzes für viele Südafrikaner schon allein aus Kostengründen ein Problem darstellt.

4   Die Historie des District Six

4.1   *District Six in den Anfängen seiner Entstehung*

Die erste Siedlung auf dem heutigen Land des District Six war die Farm Zonnebloem. Sie wurde 1706, 50 Jahre nachdem die ersten Siedler sich am Kap niedergelassen haben, gegründet. Sie diente vor allem dem Wein- und Weizenanbau und lag am Hang des Devil's Peak unweit der neu gebauten Burg Kapstadts. Auf die bereits vor diesem Zeitpunkt dort angesiedelten Dörfer von Khoisan oder anderen indigenen Völkern soll hier nicht weiter eingegangen werden, da sie für die Entstehung des District Six als Stadtteil Kapstadts keine unmittelbare Bedeutung hatten.[15]

---

[13] Vgl. Saff. 1998, S.59-60.
[14] Vgl. ebd. S.62-63.
[15] Vgl. Pistorius, 2002, S.16-20.

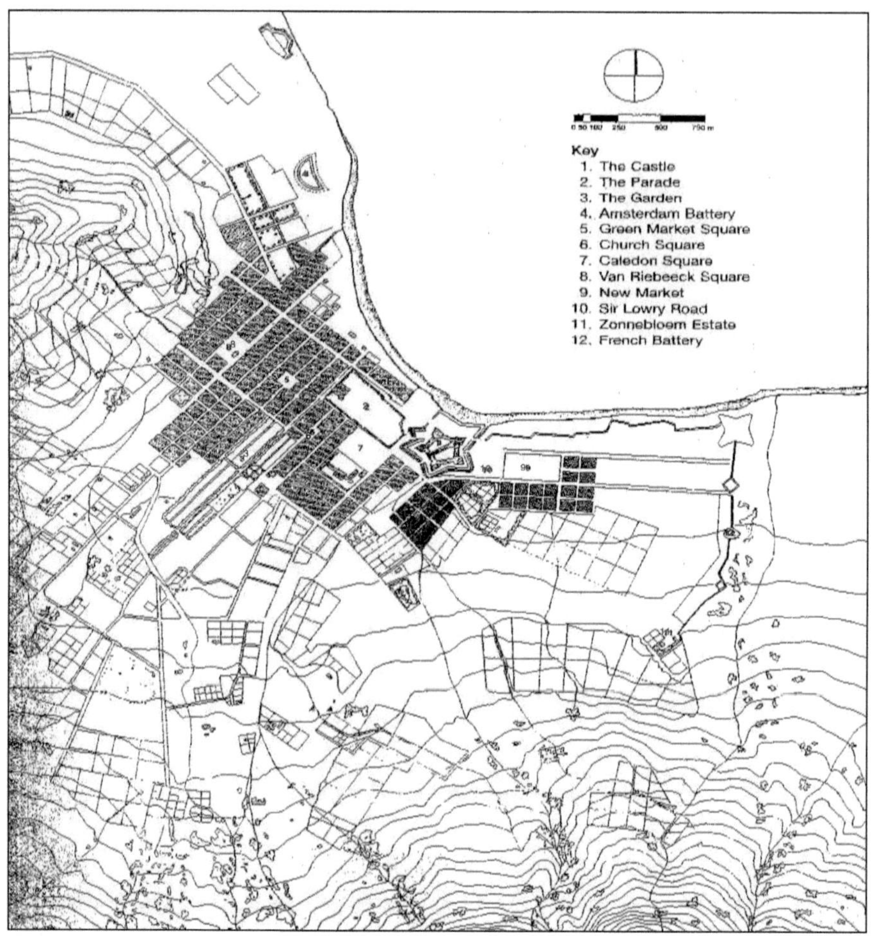

Abb. 2: Kapstadt im Jahre 1818

Quelle: Pistorius, 2002, S. 23 nach P.G. Elemans, 1818 (Cape Town City Council Map Collection)

Die Pioniere in dem Gebiet des heutigen District Six, östlich der Burg (in Abb. 2 schwarz eingefärbt), waren vorrangig Weiße niederländischer Abstammung, welche sich auf dem Grund der später aufgeteilten Farmen Gartenhäuser bauten.[16] Durch die Abschaffung der Sklaverei in den 30er Jahren des 19. Jahrhunderts und die steigende Zahl an Immigranten entstand eine Knappheit an Unterkünften im noch kleinen Kapstadt und es ließen sich erstmals auch Coloureds im Gebiet des District Six nieder.[17] Ferner wurden dort auch einige Häuser für die in der Nähe im Fort Knokke stationierten

---

[16] Vg. Schoeman, 1994, S.13.
[17] Vgl. Pistorius, 2002, S.24.

Offiziere errichtet.[18] Zu dieser Zeit trug dieses Areal zwar offiziell den Namen District Twelve, der ihm von der 1840 erstmals eingerichteten Stadtverwaltung Kapstadts gegeben wurde, war aber besser bekannt als Onder-Kaap oder Kanaladorp. Der Ursprung des Namens Kanaladorp, ist nicht ganz geklärt, jedoch wird vermutet, dass es entweder von den Kanälen herrührt, die den Stadtteil durchzogen, oder von dem malaiischen Wort „kanala" abgeleitet ist, was soviel bedeutet wie „einander helfen".[19] Die Bewohner des District Six zogen meist die zweite Erklärung vor, da sie diese Wortbedeutung auch als eine Art Leitsatz für ihr Leben in der Gemeinschaft des Viertels sahen.

Im Jahre 1840 hatte Kapstadt eine Einwohnerzahl von etwa 20.000 Menschen. Zu dieser Zeit war auch das Gebiet des District Six noch sehr dünn besiedelt. 1842 betrug die Einwohnerzahl lediglich 1.439.[20] Im Laufe der Jahre 1842-1854 aber verdoppelte sich die Anzahl der Häuser, welche jedoch meist in engen Reihen standen und oft schlecht gebaut waren. 1849 wurde die Einwohnerzahl im District Twelve bereits auf 2.943 gezählt.[21] Mit der zunehmenden Besiedlung gingen jedoch auch verschiedene Probleme einher. Durch das schnelle Wachstum des Stadtteils konnte die Trinkwasserversorgung und Abwasserentsorgung nicht gewährleistet werden, die Beschaffenheit der Straßen war sehr schlecht und die Sicherheit in den Straßen wurde bemängelt.[22]

Fragt man sich wie es zu einer solch rasch ansteigenden Besiedlung gekommen ist, so lassen sich vor allem zwei wichtige Aspekte benennen. Erstens waren die City Kapstadts und die Gebiete westlich der City schon weitgehend besiedelt und es musste insofern auf andere freie Flächen ausgewichen werden. Zweitens war die Lage ein günstiger Wohnstandort für Arbeiter und Händler aufgrund ihrer Nähe zum Hafen und zu dem neuen Markt jenseits der Sir Lowry Road (s. Abb. 3), welche wiederum den District Six begrenzte.[23]

Aufgrund dieser Nähe zum Markt, der bis in die 60er Jahre des 20. Jahrhunderts prosperierte – bis ein neuer Markt in Kapstadt entstand, der diesem Konkurrenz machte – waren Mitte des 19. Jahrhunderts im District Six auch einige sehr anerkannte Händler und Geschäftsmänner angesiedelt.[24]

Im Jahr 1867 wurde Kapstadt in sechs neue Bezirke unterteilt; so bekam der Stadtteil District Six seinen bekanntesten und bis heute genutzten Namen. Die Umrisse des neuen District Six wurden wie folgt beschrieben: „Bounded North by the Castle Moat and Canterbury Row, East by the Military Lines and the Toll Bar, South by the Devil's Peak, and West by the Constitution Street".[25]

---

[18] Vgl. Schoeman, 1994, S.13.
[19] Vgl. Pistorius, 2002, S.24.
[20] Vgl. Bickford, 1990, S.35./ Schoeman, 1994, S.15.
[21] Vgl. Pistorius, 2002, S.24.
[22] Vgl. Schoeman, 1994, S.16.
[23] Vgl. ebd., S.15.
[24] Vgl. ebd., S.15.
[25] Ebd., S.18.

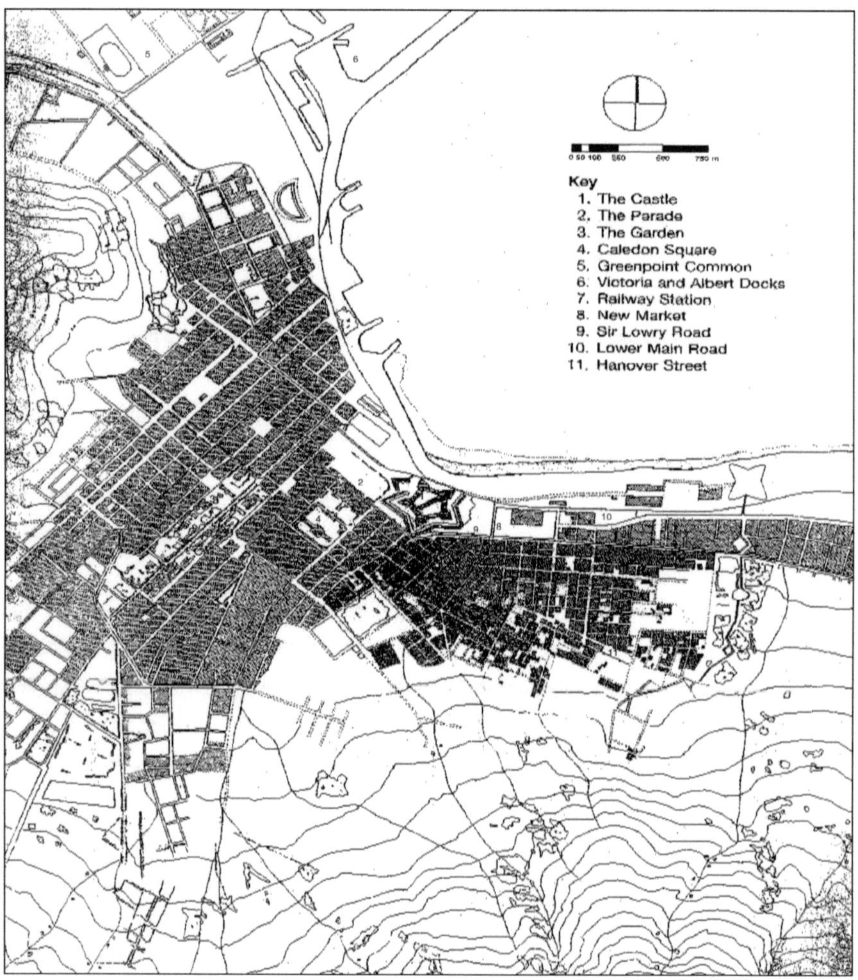

Abb. 3: Kapstadt im Jahre 1897 (District Six schwarz eingefärbt)

Quelle: Pistorius, 2002, S. 35 nach W. Thom, 1895-1898 (Cape Town City Council Map Collection)

Zu dieser Zeit hatte sich der District Six zu einem Schmelztiegel unterschiedlicher Klassen, Rassen und Kulturen entwickelt. Dies bedeutete jedoch nicht, dass sich durch diese Vermischung der Gesellschaft keine Probleme ergaben. Auch hier gab es Unterschiede und Hierarchien zwischen Einwohnern verschiedener ethnischer Abstammungen und zwischen Arm und Reich. In der zweiten Hälfte des 19. Jahrhunderts zogen die Einwohner des District Six, die es sich leisten konnten – vorrangig Weiße – in die Vororte von Kapstadt. Durch die neuen Eisenbahnverbindungen der Stadt wurden auch weiter vom

Zentrum entfernte Gebiete beliebt. Geld spielte dabei nicht nur in Hinblick auf die Grundstückkosten, sondern vor allem auch auf die erhöhten Transportkosten, eine große Rolle.[26]

Um 1900 war ein Großteil der Einwohner des District Six, wie die Kapstädter Regierung es ausdrückte, „Malay", „Mixed and Other" oder „Coloured". Des Weiteren lebten dort Immigranten aus England, Juden russischer Abstammung, Schwarze aus den Regionen des Eastern Cape, Inder, Chinesen und Australier.[27] Das Problem der Überbevölkerung stieg stetig an, die Lebensqualität im District Six sank immer weiter und der Bezirk entwickelte sich zunehmend zu einem Slum. Die Einwohner des Viertels waren inzwischen großteils Tagelöhner oder arbeiteten auf den Docks. Sie hatten kein festes Einkommen und lebten teilweise mit 15 bis 20 Personen in einem kleinen Haus. Den meisten von ihnen war es kaum möglich dieser Situation zu entkommen.[28] Trotz Protesten innerhalb der Stadtverwaltung hinsichtlich dieser Zustände wurde nichts gegen die Probleme getan. Der Grund dafür war, dass die Stadtverwaltung zu dieser Zeit vor allem von Grundherren und Händlern dominiert wurde. Diese beiden Gruppen hatten kein ausgeprägtes Interesse an einer Verbesserung der Wohn- und Lebensqualität in den ärmeren Vierteln der Stadt, zu denen der District Six eindeutig gehörte.[29] Ausschlaggebend war, dass im Südafrika dieser Zeit zwischen zwei Arten von Armut unterschieden wurde. Die eine war die Armut, die nur als vorübergehend angesehen wurde; bei der die Regierung es für lohnenswert hielt, den Betroffenen zu helfen. Bei diesen Menschen handelte es sich um Weiße. Die anderen wurden jedoch als so degeneriert angesehen, dass es sich nicht lohnte die Situation dieser Menschen – viele davon Einwohner des District Six – zu verbessern. Sie wurden gleichsam als Grund des Problems, mehr noch als „Ansteckungsgefahr" für die Weißen gesehen. Als einzig sinnvolle Lösung wurde deshalb von der Regierung die Segregation gesehen. Dem fielen etwa 1.200 schwarze Einwohner des District Six 1901 zum Opfer, die in diesem Jahr in die Uitvlugt Native Location (später umbenannt in Ndabeni) – ein Viertel außerhalb von Kapstadt und der erste Township nur für Schwarze auf dem heutigen Gebiet der Pinelands –zwangsumgesiedelt wurden. Die Rechtfertigung dafür war der Ausbruch der Beulenpest, der auch den District Six heimsuchte. Es folgten die ersten von der Stadt angeordneten Häuserabrisse im District Six. Trotz der Absicht die zerstörten Blocks wieder aufzubauen, fehlte die richtige Planung und schon ein bis zwei Jahre später wurden dort wieder willkürlich Häuser – meist von schlechter Qualität – gebaut und das Problem der Überbevölkerung trat nach kurzer Zeit wieder auf.[30]

Im Laufe des 20. Jahrhunderts spitzte sich dieses Problem weiterhin zu. 1946 lag die offizielle Zählung im District Six bei 28.377 und 1950 bereits über 40.000 Einwohnern

[26] Vgl. Bickford, 1990, S.36-37.
[27] Vgl. ebd., S. 37/ Schoeman, 1994, S.20.
[28] Vgl. Bickford, 1990, S.38-40.
[29] Vgl. Schoeman, 1994, S.21-22.
[30] Vgl. ebd., S.23-25.

Bezogen auf die wichtigsten bereits erklärten Gesetze der Apartheid wird sich im Folgenden eine Beschreibung des District Six zur Zeit der Apartheid anschließen.

4.2   District Six während der Apartheid

4.2.1   Die rechtlichen und baulichen Entwicklungen im District Six

Im Jahr 1962 reichte das City Council Kapstadts den Vorschlag ein den Großteil des District Six im Rahmen von Slumbereinigung bzw. städtischer Erneuerung niederzureißen und damit Platz für moderne Stadtplanungselemente zu schaffen.[31] Das Gebiet des District Six war aufgrund seiner Lage sehr begehrt und wertvoll.[32] Da die Regierung jedoch noch nicht über die Aufteilung der Zonen für die verschiedenen Rassen entschieden hatte, musste diese Entscheidung vorerst vertagt werden.[33]

Am 12. Juni 1965 wurden jegliche Grundstücks- und Immobiliengeschäfte im District Six eingefroren und die Errichtung oder Veränderung von Gebäuden verboten.[34]

Am 11. Februar 1966 verkündete P.W. Botha (zu dieser Zeit Minister für gemeinschaftliche Entwicklung und später Präsident Südafrikas), dass der District Six auf Basis des *Group Areas Acts* zu einer *White Area* erklärt wird.[35]

Einer Zählung zu Folge lebten zu diesem Zeitpunkt 28.707 Menschen im District Six. Davon waren 26.925 Coloured, 1.220 Inder, 381 Weiße und 181 Schwarze. Die Eigentumsverhältnisse jedoch gestalteten sich anders, denn 56% der Grundstücke und Häuser gehörten Weißen. Dadurch wurde vielfach argumentiert, dass vielen der Betroffenen, die umgesiedelt wurden, nicht ihr Eigentum und damit auch nicht ihr zu Hause genommen wurde.[36]

Nach der Bekanntmachung dieser Veränderungen für den District Six wurde dessen Einwohnern ein Jahr gewährt, um sich auf die Umsiedlung in die Cape Flats, die Townships am Rande Kapstadts, vorzubereiten. Dass dieser Prozess sich über zwei Dekaden hinziehen würde, konnte zu dieser Zeit noch niemand ahnen.[37]

---

[31] Vgl. Pistorius, 2002, S.50.
[32] Vgl. Hart, 1990, S.124.
[33] Vgl. Pistorius, 2002, S.50.
[34] Vgl. Hart, 1990, S.126.
[35] Vgl. Schoeman, 1994, S.67.
[36] Vgl. ebd., S.72.
[37] Vgl. Hart, 1990, S.124.

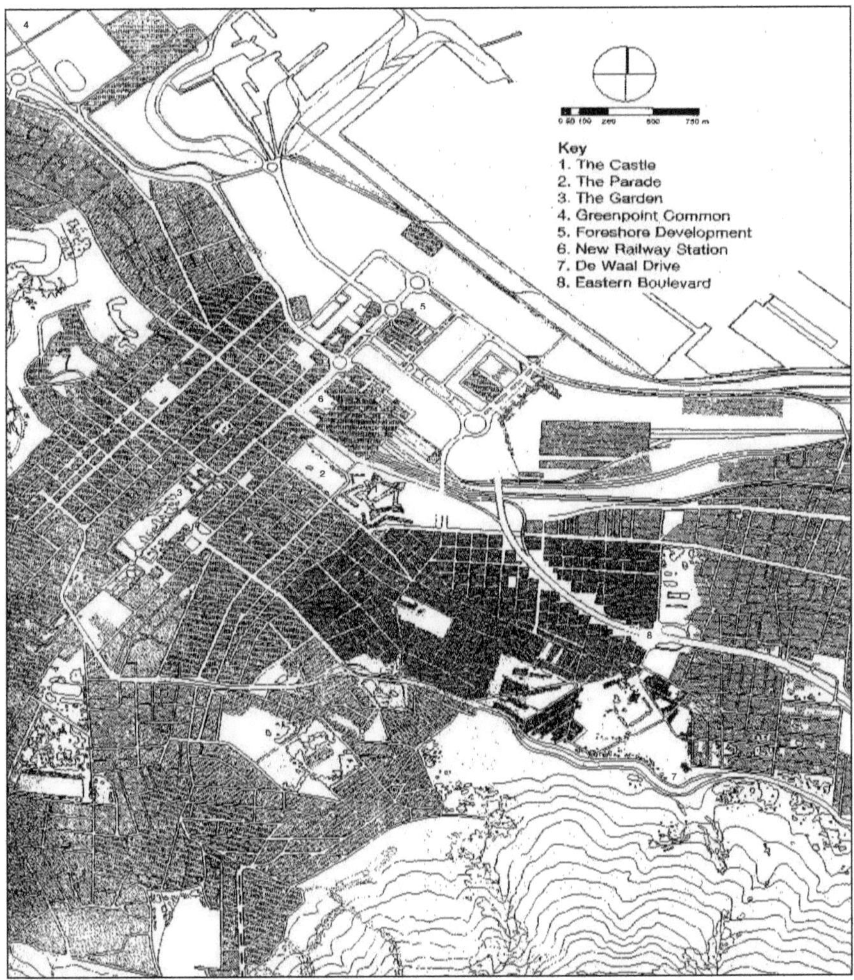

Abb. 4: Kapstadt im Jahre 1968

Quelle: Pistorius, 2002, S. 49 nach einem Luftbild, Department of Land Survey and Mapping, Südafrika.

1968 begannen die ersten Zwangsumsiedlungen und der Abriss des District Six.[38] Abbildung 4 zeigt das Gebiet schwarz eingefärbt noch weitgehend unversehrt vor den Umsiedlungen.

Den Umzusiedelnden wurden neue Unterbringungen und der Transport für die Umzüge zugesagt. Ferner sollten Umsiedlungen erst dann erfolgen, wenn neue akzeptable Unterbringungen für die Bewohner zur Verfügung stehen würden und ausreichend Kirchen und Andachtsorte für die Mitglieder der verschiedenen Religionen vorhanden wären. Da der Prozess unter dem Deckmantel der

---

[38] Vgl. Pistorius, 2002, S.50.

Slumbereinigung stand, wurde den Einwohnern, die als Mittelklasse gezählt wurden und die, wie die Regierung es nannte, in „anständigen Verhältnissen" lebten, des Weiteren versprochen, dass sie noch weitere drei bis fünfzehn Jahre von der Umsiedlung verschont bleiben würden.[39] Ob dies jedoch der eigentliche Plan der Regierung war, bleibt fraglich.

Die Anfangsphase der Umsiedlungen verlief relativ zügig und problemlos mit dem Grund, dass zunächst keine direkten Mieter und Eigentümer sondern vorrangig Untermieter umgesiedelt wurden, welche ein eigenes Haus in den Cape Flats ihren schlechten Wohnumständen im District Six meist vorzogen.[40]

Allein zwischen 1964 und 1969 wurden 18.000 Menschen (vorrangig Coloured) aus dem District Six und anderen Gebieten, die als White Areas deklariert wurden – wie Mowbray, Claremont, Wynberg und Newlands – in die neu errichteten Cape Flats umgesiedelt. Da der *Group Areas Act* die Trennung aller Rassen vorsah, waren auch die Townships in die verschiedenen von der Regierung vorgegebenen Rassen unterteilt. Somit wurden Coloured in die Townships Bonteheuwel, Manenberg, Heideveld und Hanover Park umgesiedelt, während Schwarze in die Townships Guguletu und Langa oder oft auch in die für sie vorgesehenen Homelands geschickt wurden.[41] Oft wurden direkt nach der Evakuierung eines Hauses oder eines Häuserblocks diese von Bulldozern abgerissen.

1976 waren ca. 2/3 der Einwohner des District Six umgesiedelt worden. In Abbildung 5 aus demselben Jahr lassen sich bereits fehlende Häuserblocks gut erkennen. Ferner werden auf der Karte durch die gestrichelten Linien zu diesem Zeitpunkt schon zerstörte Straßen dargestellt.

---

[39] Cape Times, 26. April 1967, zitiert in: Hart, 1990, S.125.
[40] Vgl. Hart, 1990, S:127.
[41] Vgl. Pistorius, 2002, S.48.

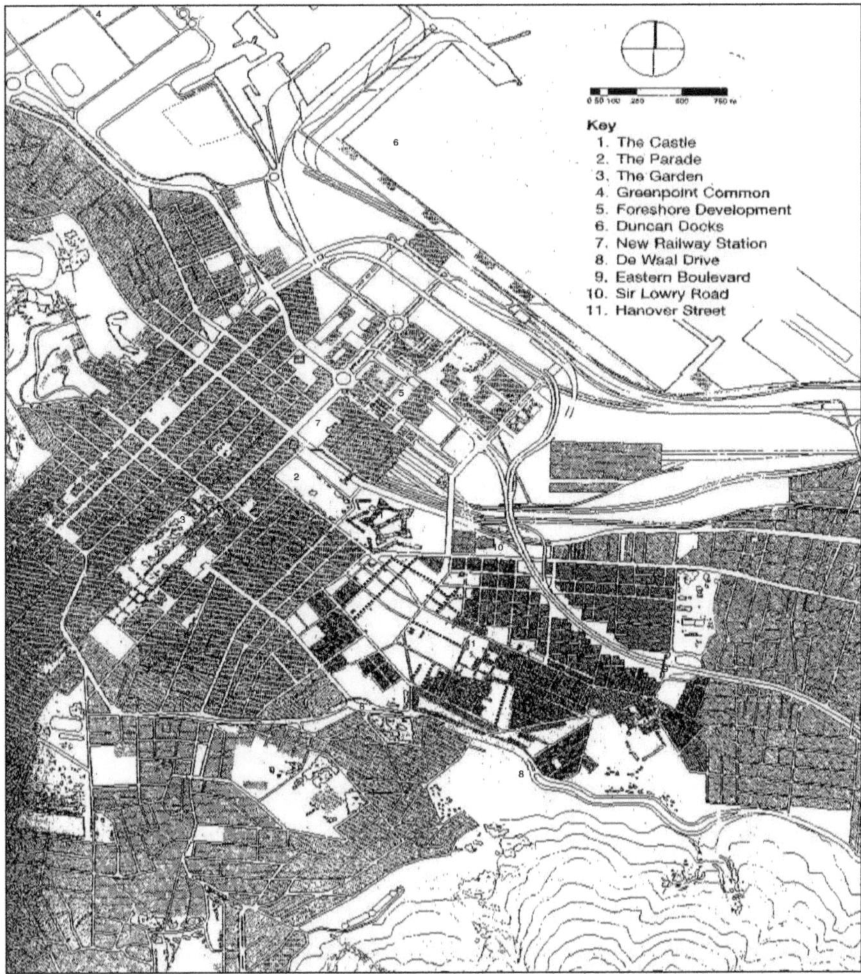

Abb. 4: Kapstadt im Jahre 1976

Quelle: Pistorius, 2002, S. 53 nach einem Luftbild, Department of Land Survey and Mapping, Südafrika.

Weitere Schätzungen gehen davon aus, dass insgesamt zwischen 55.000 und 65.000 Menschen während der Apartheid aus dem District Six zwangsumgesiedelt wurden – vorrangig in die Cape Flats.[42] Dass die Schätzungen der Personenanzahl der Umgesiedelten schwanken, lässt sich einerseits damit erklären, dass auch während der Apartheid ein beständiger Zuzug aufgrund von fehlenden

---

[42] Vgl. Saff, 1998, S.86.

Alternativstandorten bestand. Ein anderer Grund sind die in offiziellen Zählungen der Apartheid-Regierung nicht einberechneten illegalen Bewohner [43]

In gesamt Südafrika wurden zwischen 1950 und 1984 über 126.000 Familien (etwa 630.000 Menschen) und über 2.771 Händler durch die Anwendung des *Group Areas Acts* zur Räumung ihrer Häuser oder Läden gezwungen oder umgesiedelt. Offiziellen Regierungsstatistiken von August 1984 zufolge war es immer noch geplant 3.790 coloured, 2.366 indische und 258 weiße Familien umzusiedeln. Viele dieser Umsiedlungen wurden jedoch mit großer Wahrscheinlichkeit vor der Aufhebung des *Group Areas Acts* 1991 nicht mehr durchgeführt.[44]

Im Laufe der Jahre wurden verschiedene Pläne zur Neuentwicklung des Areals vorgelegt, welche aber aus fehlenden finanziellen Mitteln oder aus politischen Gründen nicht implementiert wurden. Dessen ungeachtet gingen die Zwangsumsiedlungen weiter.[45]

Problematisch für die Neuentwicklung des District Six (seit 1970 wieder umbenannt in Zonnebloem) war, dass viele Weiße sich ungern in diesem hart umkämpften Gebiet niederlassen wollten, da auch ihnen die Probleme nicht verborgen geblieben waren. HART sieht darin das Schuldbewusstsein oder ein schlechtes Gewissen der Weißen. Als Folge dessen wurden bei der ersten öffentlichen Auktion im Juli 1974 für die Grundstücke des District Six nur sehr niedrige Preise von möglichen Käufern angeboten. Der Staat wollte diese nicht annehmen und verringerte seinen Enthusiasmus das Gebiet so schnell wie möglich beziehungsweise so schnell wie ursprünglich geplant wieder neu aufzubauen. Es kam zu einer Stagnation der Situation, in der wenig Verkäufe und Weiterentwicklung stattfanden.[46]

Ein weiteres Hemmnis, das den Prozess der Umsiedlungen verlangsamte, war eine Warteliste beim City Council, in welche sich vom *Group Areas Act* betroffene Familien für Häuser – als Entschädigung für ihren Verlust – eintragen konnten. Da für eine angemessene von der Regierung zugesagte Unterbringung aller Familien jedoch bis zu 24.000 Häuser fehlten, wurden vielen Familien des District Six Häuser unter Standard, zu klein und zu teuer angeboten. Da sich solche Anwohner, die sich zum Umzug in diese Unterkünfte nicht bereit erklärten, außerdem weigerten ihre Häuser im District Six zu verlassen, verlängerte sich der Umsiedlungsprozess zunehmend.[47]

Durch Protestorganisationen wie der Hands off District Six Organisation wurden viele private Investoren und namhafte Unternehmen wie Shell und BP Southern Africa, welche anboten das Gebiet wieder

---

[43] Vgl. Hart, 1990, S.127.
[44] Vgl. Saff, 1998, S.50.
[45] Vgl. Pistorius, 2002, S.50.
[46] Vgl. Hart, 1990, S.131.
[47] Vgl. ebd., S.127.

aufzubauen, abgeschreckt. Das Ergebnis war, dass das Gebiet nur von staatlicher Seite bebaut wurde, was nicht ausreichend war, um das gesamte Gebiet wieder neu zu entwickeln.[48]

1978 verkündete das Department of Community Development, dass ein Sanierungsentwurf mit den finanziellen Mitteln von 9 Mio. ZAR zur Verfügung stünde, um das Gebiet zu entwickeln. Diese Entwicklung von Seiten des Staates bestand unter anderem darin 50 Luxushäuser für Weiße, einen Wohnkomplex für weiße Polizei und Sicherheitspersonal, eine Seniorenunterkunft und ein orientalisches Einkaufszentrum zu erbauen. 1979 entschied das Cape Technikon, eine Hochschule (zu Apartheid-Zeiten ausschließlich für Weiße), ihren Standort in den District Six zu verlegen. Infolgedessen mussten weitere 2.500 Menschen umgesiedelt werden, um Platz für das Technikon zu schaffen. Dieses nahm zwar zu jener Zeit lediglich 18% des Areals des District Six ein, erschwerte aber aufgrund seiner Lage weitere Bebauungen zusätzlich. Jegliche Proteste gegen den Bau der Hochschule wurden abgewehrt und das Cape Technikon (heute: Cape Peninsula University of Technology) wurde errichtet.[49]

Aufgrund der niedrigen Mietpreise ließen sich im Oktober 1982 die ersten weißen, neuen Anwohner – oft wohl mit gemischten Gefühlen – in den neu gebauten Häusern des District Six nieder. Die letzten Umsiedlungen der ursprünglich ansässigen coloured Familien fanden im Jahr 1983 statt. 1985 wurde der District Six von 3000-4000 Weißen der unteren Mittelklasse bewohnt, die vorrangig Staatsangestellte waren.[50]

Die stetigen Aktionen der Protestorganisationen führten dazu, dass 1990 das City Council das erste District Six Steering Committee ins Leben rief mit der Aufgabe den Neuaufbau des District Six zu initiieren und zu koordinieren. Stakeholder des Komitees waren unter anderem Gemeinde- und Bürgerorganisationen, das Cape Technikon, der ANC, das City Council und vereinzelte noch vorhandene Grundherren.[51]

Die Entwicklung des District Six nach der Abschaffung der Apartheid-Reglementierungen wird in Kapitel 5 genauer betrachtet.

Es stellt sich die Frage, weshalb die Bewohner des District Six sich nicht stärker gegen ihr Schicksal wehrten, sondern dies vorrangig den Organisationen und Personen außerhalb überließen. Obwohl eine eindeutige Festmachung der Motive im Nachhinein schwer möglich ist, werden nachfolgend einige Argumente als Versuch der Erklärung aufgeführt. Ein Faktor lässt sich eindeutig in monetären Zusammenhängen begründen. Viele der Einwohner des Viertels waren arm. Eine Aufbäumung gegen das Gesetz impliziert oft auch einen gewissen monetären Rückhalt. Da aber viele Einwohner vorrangig

---

[48] Vgl. Pistorius, 2002, S.54.
[49] Vgl. ebd., S. 54-56.
[50] Vgl. Hart, 1990, S.129-133.
[51] Vgl. Pistorius, 2002, S. 58/Hart, 1990, S.131-132

darum kämpfen mussten ihren normalen Alltag und ihr Überleben zu sichern, sahen wohl die meisten keine Möglichkeit für sich, sich in irgendeiner Form zu Wehr zu setzen. Laut SOUDIEN sahen darüber hinaus viele Einwohner keinen Sinn darin sich gegen die Regierung zu wenden, da sie zum Zeitpunkt der Verkündung von Botha bereits seit ca. 16 Jahren mit den Reglementierungen des *Group Areas Acts* und dessen Auswirkungen lebten und fügten sich so ihrem Schicksal. Den lautesten Protest gab es von Studenten, die nach der Verkündung 1966 zu einem spontanen Demonstrationsmarsch in den Straßen des Districts aufbrachen. Aber auch dieser Aufstand hielt nicht lange an.[52]

Vereinzelt gab es jedoch Personen und Familien, die sich über Jahre geweigert haben ihre Häuser zu verlassen und damit ebenfalls das Voranschreiten der endgültigen Zerstörung des Gebietes verlangsamt haben. Sie sollen auch an dieser Stelle nicht vergessen werden.[53]

Im Laufe der Jahrzehnte versuchten verschiedene Organisationen, allen voran das District Six Defence Committee, die District Six Association, die Friends of District Six und die Hands off District Six Organisation die Ereignisse im District Six aufzuhalten. Sie versuchten mit verschiedenen Kampagnen und Aktionen ihr Möglichstes, um die Ereignisse ins Licht der Öffentlichkeit zu bringen. Rückblickend lässt sich allerdings feststellen, dass ihre Bemühungen nicht die Wirkung erzielten, die sich die Organisatoren und Teilnehmer erhofften. Die Zwangsumzüge und Abrisse nahmen trotz all dem ihren Lauf.[54]

Die Umsiedlungen und die damit zusammenhängenden Maßnahmen waren auch aus finanzieller Sicht gesehen tief greifend, sodass dessen Zusammenhänge im Folgenden dargestellt werden sollen.

4.2.2   Kosten für die Implementierung des Group Areas Acts im District Six

Wie im vorangegangenen Unterpunkt bereits erwähnt wurde 1965 der Immobilienmarkt des District Six eingefroren. Grundherren wurde es verboten ihre Grundstücke jemand anderem als dem Staat zu verkaufen. Der Verlauf der Verkäufe bzw. Enteignungen wurde aufgrund seiner sehr speziellen Regulierungen oftmals als ungerecht empfunden. Durch von der Stadt bestochene Gutachter, die aber nach außen hin als objektiv gelten sollten, wurde der Preis für das Land meist künstlich gedrückt und als zu niedrig festgelegt. Da den Eigentümern aber vorwiegend keine andere Möglichkeit blieb, als trotzdem an die Stadt zu verkaufen, musste der Großteil der Verkäufer mit großen Verlusten leben. Aufgrund der Tatsache, dass die Stadt sich auf die vereidigten Gutachter berufen konnte, wurde, auch wenn die Eigentümer in Berufung gingen, in 10 von 11 Fällen vom Gericht zugunsten der Stadt entschieden. Dies bedeutet, dass die Stadt fast immer einen Vorteil hatte und die Verkäufer schlecht

---

[52] Vgl. Soudien, 1990, S.145.
[53] Vgl. ebd., S.179.
[54] Vgl. ebd., S.144.

aus den Geschäften herausgingen, da diese objektiv nicht als fair zu bezeichnen waren. Man kann viele der Transaktionen also als Quasi-Enteignungen betiteln.[55]

Ferner wurde Anwohnern, die zwar keinen Grundbesitz, jedoch hohe Ausgaben für die Erhaltung oder den Ausbau der Gebäude gehabt hatten, eine Entschädigungszahlung für den Verlust verwährt. Zudem wurde in Fällen, in denen Mieter mit ihrer Miete im Rückstand waren, die Stadt davon befreit ihnen alternative Unterkünfte zur Verfügung zu stellen.[56]

Die Umsiedlungen waren auch für die Betroffenen meist mit hohen fiskalischen Verlusten verbunden. Zu den Verlusten, die sich aufgrund der niedrigen Preise für ihre Grundstücke ergaben – wenn ihnen ihre Grundstücke überhaupt abgekauft und nicht enteignet wurden – kamen ferner höhere Transportkosten bedingt durch die neue Wohnlage weit außerhalb der Stadt auf sie zu.

HART weist in diesem Zusammenhang auf das unlogische bzw. unkluge Vorgehen der Ökonomen des Landes hin, Arbeitskräfte niederen Einkommens fern von ihren Arbeitsplätzen unterzubringen und zudem dafür noch hohe Kosten für den Prozess der Umsiedlung und Neuentwicklung auf sich zu nehmen.[57]

Da die National Party sich beständig weigerte, Angaben über die Kosten zu machen, die durch die Anwendung des *Group Areas Acts* entstanden sind – höchstwahrscheinlich da diese Kosten immens waren – gehen auch in der Literatur die Schätzungen der Ausgaben für den Kauf von Grundstücken, die Evakuierung und Zerstörung des District Six und die Bereitstellung von Unterkünften in anderen Gebieten auseinander. Während SCHOEMAN sich auf Schätzungen in der Höhe von ca. 30 Mio. ZAR bezieht,[58] weist PISTORIUS auf einen Betrag hin, der bereits 1980 bei 55 Mio. ZAR lag. Bedenkt man, dass von den von der Regierung gebauten Gebäuden zu diesem Zeitpunkt einzig sieben verkauft worden waren, wirkt dies doch schon sehr ironisch. .[59] Des Weiteren wird angenommen, dass die Stadt Kapstadt alleine durch die fehlenden Miet- und Steuereinnahmen im District Six pro Jahr circa 700.000 ZAR verlor. Grund hierfür war, dass das Department of Community Development – während der Apartheid einer der größten Landeigentümer Südafrikas – durch die Enteignungen Grundherr des District Six wurde und für Land, welches Staatseigentum war, keine Steuern gezahlt werden mussten. Die einzelnen Städte wurden also durch die Politik des Landes zum Teil sogar monetär benachteiligt.[60]

Es stellt sich die Frage, wieso die 30 Mio. Rand nicht für die Renovierung der Häuser genutzt wurden, sondern diese abgerissen werden mussten. SCHOEMAN vermutet, dass in diesem Fall wiederum der

---

[55] Vgl. Hart, 1990, S.126.
[56] Vgl. ebd., S.128.
[57] Vgl. ebd., S.125.
[58] Vgl Schoeman, 1998, S.71.
[59] Vgl. Pistorius, 2002, S.54.
[60] Vgl. ebd., S.54/Saff, 1998, S.50-51.

Prozess der Gentrification im District Six seinen Lauf genommen hätte. Somit wären die Einwohner – zwar zu einem späteren Zeitpunkt – jedoch in jedem Fall verdrängt worden.[61]

Ergänzend zu den finanziellen Verlusten müssen die psychologischen und sozialen Kosten für die Menschen betrachtet werden. Solche sind zweifelsohne in Zahlen nicht messbar. Nichtsdestoweniger soll diesem kurz Aufmerksamkeit geschenkt werden. Denn für viele der Einwohner des District Six wurden durch die Umsiedlung ihr gewohntes Umfeld und bestehende Nachbarschaftsverhältnisse zerrissen. Die Entscheidung, wer in welchem Township wohnen sollte wirkte oft sehr willkürlich. Individuelle Schicksale wurden in diesem Zusammenhang außer Acht gelassen. Viele der ehemaligen Anwohner äußerten, dass die Umsiedlungen und der Verlust ihrer Heimat sie hart getroffen und emotional sehr geprägt haben.[62]

Anschließend werden nun Entwicklungen im District Six nach dem Ende der Apartheid dargestellt.

5   Die Post-Apartheid Entwicklungen und die heutige Situation im District Six

Nach der Abschaffung des *Group Areas Acts* im Jahr 1991 war eine starke Veränderung des Bildes südafrikanischer Städte zu beobachten, da mit diesem Gesetz der Grundpfeiler der räumlichen Trennung der südafrikanischen Bevölkerung außer Kraft gesetzt wurde. Zwar wurde aufgrund immer noch vorhandener monetärer und auch kultureller Unterschiede und Differenzen noch kein Gleichgewicht in der südafrikanischen Gesellschaft hergestellt, doch besteht inzwischen zumindest die Möglichkeit, dass gemischtrassige Gebiete überhaupt wieder existieren dürfen.

Auch für die weitere Entwicklung des District Six war diese Wende ein wichtiges Ereignis. Denn durch die Abschaffung der Apartheid unterlag auch dieses Gebiet nicht mehr den Restriktionen der Rassentrennung.

Nachdem 1990 das District Six Steering Committee eingesetzt wurde, begann sich im Prozess der Neuentwicklung des District Six etwas zu tun. Das Steering Committee überzeugte die Regierung davon die Teile vom Areal, die in staatlichem Besitz waren, für andere Entwicklung zu sperren und Land, das in privatem Besitz war, zu enteignen. Dadurch wurde die Möglichkeit geschaffen, das Gebiet im Ganzen neu zu entwickeln. Das Komitee entwarf ein Konzept mit dem Titel „Concepts for the Redevelopment of District Six". Dieses Konzept enthielt einen Plan, der den District Six in ein dicht besiedeltes städtisches

---

[61] Vgl. Schoeman, 1998, S.71-72.
[62] Vgl. Hart, 1990, S:128/Saff, 1998, S.52.

Gebiet verwandeln sollte; ein Mischgebiet, das – offen für alle Bevölkerungsgruppen, unabhängig von Abstammung und Einkommen– einen hohen Qualitätsstandard haben sollte.[63]

Trotz dieser Pläne hat sich das Aussehen des District Six in den darauf folgenden Jahren nicht viel verändert (s. Abb. 5). 1994 dann übernahm der Cape Town Community Land Trust die Arbeit des District Six Steering Committees.

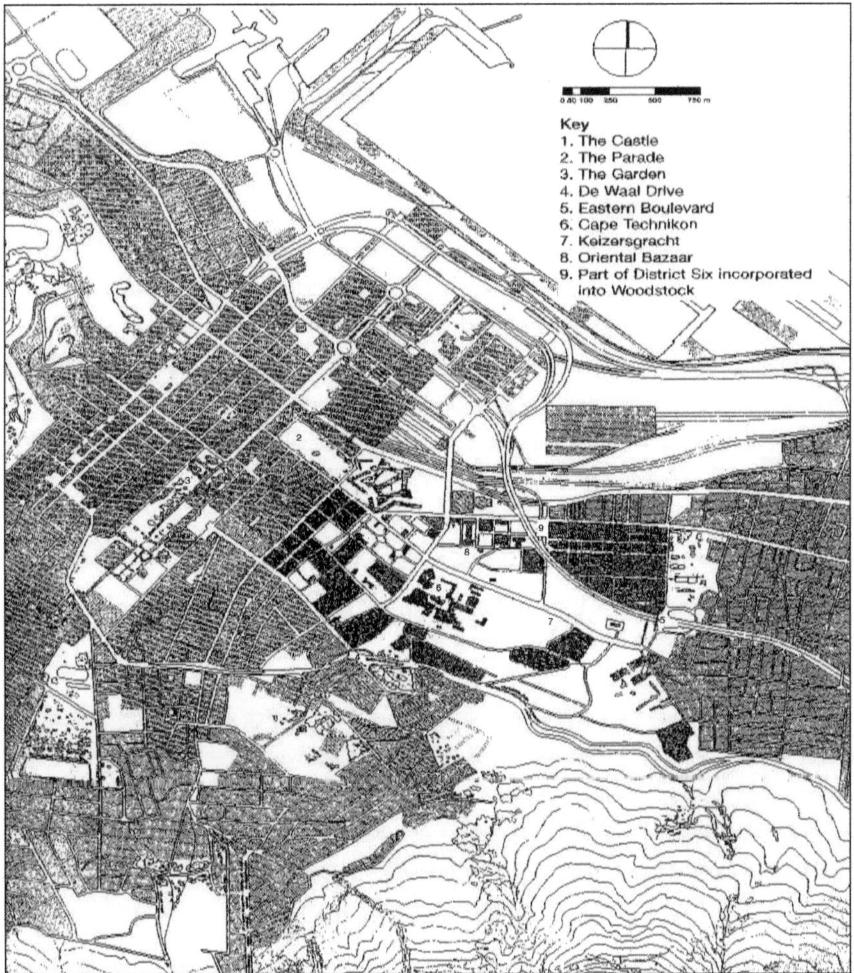

Abb. 5: Kapstadt im Jahre 1992

Quelle: Pistorius, 2002, S. 57 nach einem Luftbild, Department of Land Survey and Mapping, Südafrika.

---

[63] Vgl. Pistorius, 2002, S.58-59.

In ganz Südafrika begannen Prozesse der Entschädigung und Rückgabe von durch die Apartheid enteignetem Land, die auf dem *Restitution of Land Right Acts* basierten. Auch der District Six war von diesen Veränderungen betroffen.[64]

Der anfangs gefasste Plan, dass ehemalige Anwohner oder Personen, die Land im District Six beanspruchten (im Folgenden Anspruchsteller genannt), Entschädigungen in Form von Wohnungen, Land oder einen anderen Nutzen aus dem Neuentwicklungsprozess erhalten sollten, scheiterte 1997 aufgrund der hohen Zahl an Anfragen. Anspruchsteller und Bürgerinitiativen bildeten den District Six Beneficiary Trust.

Um die Entschädigungen so gerecht wie möglich zu gestalten, wurde entschieden, die Ansprüche einzeln zu prüfen. Dafür musste jeder Anspruchsteller einen Antrag mit seinen Anforderungen formulieren.

Ein Antragsteller musste drei Grundvoraussetzungen erfüllen, um einen Anspruch auf Entschädigung stellen zu können. Erstens musste die Beziehung zwischen dem während der Apartheid Enteigneten und dem Antragsteller bewiesen werden. Etwa die Hälfte der Antragsteller waren selbst Enteignete, ca. 40% waren Kinder von Enteigneten und die restlichen 10% Enkel.[65]

Zweitens musste bewiesen werden, dass der Antragsteller auch selbst im District Six gelebt hatte. Das stellte teilweise eine größere Aufgabe dar, da selten direkte Eigentumsdokumente existierten, die dies bewiesen. Zugelassen wurden deshalb auch Unterlagen wie an die jeweilige Adresse im District Six adressierte Briefe, Arztrechnungen oder auch wenn zwei ehemalige Anwohner des District Six, die in keiner familiären Verbindung mit dem Antragsteller standen, bezeugten, dass dieser an der angegebenen Adresse gewohnt hatte. Der dritte Punkt war die Entscheidung über die Art der Entschädigung. Dies wird in Abb. 6 überblicksartig demonstriert.[66]

Durch die Zerstörung des größten Teils der Gebäude und der teilweisen Neubebauung – vorrangig dem Cape Technikon, das aufgrund von Erweiterungen inzwischen etwa 50% des ehemaligen Gebietes einnimmt (s.a. Abb. 5) – ist es in den meisten Fällen nicht möglich den Anspruchstellern eine Wiederherstellung ihres ursprünglichen Eigentums bzw. Hauses zuzusagen, da dies eine weitere Bebauung deutlich erschweren würde. Viele der Gebäude der Antragsteller auf den 40ha nun frei bebaubarem Lande lägen einzeln verteilt, sodass es aus diesem Grund verschiedene Optionen als Entschädigung für die Anspruchsteller gibt, die im folgenden Schaubild (Abb. 6) dargestellt werden.

---

[64] Vgl. Pistorius, 2002, S.61.
[65] Vgl. Legassik, 2002.
[66] Vgl. Bamford, Cape Argus, 24.11.2000.

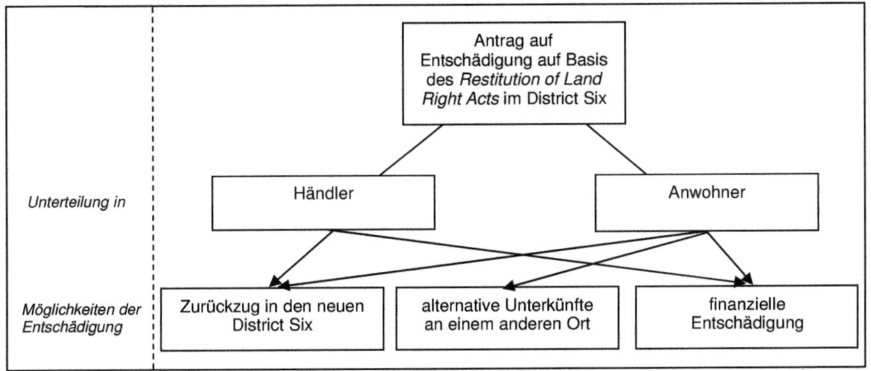

Abb. 6: Der Prozess der Landentschädigung im District Six. Eigene Darstellung.

Quelle: Legassick, Martin (2002).

Die Deadline, um Anträge auf Entschädigung zu stellen, war der 31. Dezember 1998. Jedoch wurden auch einige Verlängerungen eingeräumt.[67]

Final wurden 1763 Anträge von Anwohnern und ca. 800 Anträge von Händlern bei der zuständigen Stelle, der Land Claims Commission, eingereicht.[68] Mehr als die Hälfte der Händler und Anwohner äußerten den Wunsch wieder in den District Six zurück zu ziehen. Dabei muss in Betracht gezogen werden, dass ein Antrag nicht nur für den Antragsteller selbst gilt, sondern im Fall von Anwohnern auch seine Familie mit umgesiedelt werden würde. Pro Antrag werden also noch 8-10 weitere Personen beachtet.[69]

Im November 2000 verkündete die Regierung, dass jeder Antragsteller vom Staat über 40.000 Rand Subventionen erhalten würde. Diese setzten sich aus einer Abfindungssumme in Höhe von 17.500 ZAR, einem Zuschuss in Höhe von 9.060 ZAR zur Unterstützung des Neubaus ihrer Häuser im District Six und einem staatlichen Wohngeld von 18.000 ZAR zusammen. Mieter, die sich entschlossen nicht umzusiedeln erhielten nur die 17.500 ZAR Abfindung; enteignete Eigentümer 40.000 ZAR. Ferner erhielten solche Familien, die bereits Wohngeldunterstützung erhalten hatten, um ein Haus in den Cape Flats zu erwerben, dieses nicht ein zweites Mal.[70]

Der Präsident Südafrikas Thabo Mbeki gab in einer feierlichen Zeremonie 1999 das Land des District Six der Gemeinschaft offiziell zurück. Im März 2000 wurden 29ha des Areals dem Beneficiary Trust von der Regierung der Western Cape Provinz zur Neuentwicklung übergeben. Im Juni 2004 zogen die

---

[67] Vgl. District Six Museum Newsletter, Aug. 1998.
[68] Vgl. Pistorius, 2002, S.61-62.
[69] Vgl. Mail&Guardian, 22.10.2000.
[70] Vgl. Smith, Cape Argus, 23.11.2000.

ersten 9 Familien wieder im District Six in der Chapel Street ein.[71] Es sei bemerkt, dass seit den ersten Aussagen über eine Neuentwicklung des Gebiets nach dem Ende der Apartheid bereits 10 Jahre vergangen waren. Dies ist – vor allem im Hinblick auf das Alter vieler der Menschen, die wieder in den District zurückziehen möchten – eine lange Zeit, seit dem Ende der Apartheid. Bereits 1994 berichteten Zeitungen von der bevorstehenden Neuentwicklung des Gebietes.

Als Datum der symbolischen Überreichung der Schlüssel von Nelson Mandela an die ersten zwei Bewohner, die wieder in den District Six zogen, wurde gezielt der 11. Februar gewählt; der Tag, an dem 1966 der District Six zu einer White Area ernannt wurde und 1990 Mandela aus der Haft entlassen wurde. Der Grund für die hohe Aufmerksamkeit, die diesem Ereignis geschenkt wurde, liegt darin, dass dies die erste Rückgabe von städtischem Land in Post-Apartheid Südafrika war.[72]

Die ersten Anwohner des „neuen" District Six mussten sich laut Anwah Nagia, dem Vorsitzenden des Beneficiary Trust, bereit erklären, ihre Häuser innerhalb der folgenden 15 Jahre nicht zu verkaufen und sie des Weiteren nicht für Glücksspiele, Prostitution, als Kneipen oder zur Mietausbeutung zu nutzen. Ferner sollen sie allen Religionen gegenüber tolerant sein.[73]

Problematisch war die Frage, in welcher Form der District Six neu aufgebaut werden sollte. Ein Gebiet, das bis auf einzelne Kirchen oder Moscheen und einige neue Straßen brachliegt, wieder mit Leben zu füllen, stellte die Architekten vor eine große Aufgabe. Der Wunsch einiger, das Gebiet wieder genau so aufzubauen wie es vor der Zerstörung war, lässt sich aus verschiedenen Gründen nicht realisieren. Erstens nimmt das Cape Technikon ein erhebliches Areal des ehemaligen Gebietes ein. Ferner waren die Wohnumstände im alten District Six wie bereits erwähnt vor allem aufgrund von Überbevölkerung unter dem anzustrebenden Standard. Es wurden verschiedene Masterpläne in Erwägung gezogen, sich aber abschließend dazu entschlossen, den Bezirk nach und nach wieder aufzubauen, um eine künstliche Umgebung zu vermeiden und eine „organische" Entwicklung mit Mitspracherecht der Bewohner zu ermöglichen. Als Negativbeispiele wurden Städte genannt, die auf dem Reißbrett entstanden sind, wie Brasilia oder auch Mitchells Plain, einer der Townships Kapstadts, in den auch viele Einwohner des District Six umgesiedelt wurden.[74] Dadurch lässt sich in gewisser Weise die langsame Entwicklung des Gebiets erklären. Im Laufe der Zeit gab es viele Beschwerden über die Arbeit des District Six Beneficiary Trust, da dieser sich zwar von selbst aus dem Prozess heraus geformt hat, jedoch seine Mitglieder nie direkt von den Antragstellern als Repräsentanten gewählt wurden. Aktuell haben einige der ehemaligen Landeigentümer beim Land Claims Court einen Antrag

---

[71] Vgl. Cape Argus, 04.10.2004.
[72] Vgl. Dreyer, in: Cape Times, 07.06.2004.
[73] Vgl. ebd.
[74] Vgl. Moszowski, in: The Sunday Independent, 31.12.2000.

eingereicht, um den Trust als Repräsentanten aller Antragsteller aufzuheben. Dieser Fall soll im Mai dieses Jahres entschieden werden.[75]

Ferner gibt es seit November 2006 Probleme zwischen dem District Six Beneficiary Trust, der mit dem Entschädigungsprozess betraut ist und der Stadtverwaltung, was den Prozess des Wiederaufbaus zusätzlich ins Stocken bringt.

Auch bis zum heutigen Zeitpunkt ist der größere Anteil des District Six noch Brachland (s. Abb. 7). Allerdings sind sich der Trust und die Stadtverwaltung darin einig, wie die weitere Entwicklung des District Six aussehen soll. Es ist geplant 4000-4500 neue Gebäude zu errichten. Davon sollen etwa 1000 Einheiten an Menschen gehen, die ihre Anträge zur Deadline Ende 1998 eingereicht haben und weitere 1000 Einheiten an solche, die die Anträge verspätet eingereicht haben. Ferner sollen ca. 1000 Einheiten an Familien gehen, die aufgrund des *Group Areas Acts* in anderen Gebieten Kapstadts ihre Häuser verloren haben. Rund 500 der neuen Gebäude sind für Familien vorgesehen, die aufgrund des N2 Gateway Projektes – ein Stadtumbauprojekt, das einige Townships an der Autobahn N2, die vom Flughafen in die Stadt führt, betrifft – ihre Häuser verloren haben und noch auf der Warteliste für neue Unterkünfte stehen. Die verbliebenen 500-1000 Einheiten sollen für Privatinvestoren und für Handel und Büroräume zur Verfügung stehen.[76]

Abb. 7: Luftbildaufnahme des District Six, 20.04.2008
Quelle: Google Earth.

---

[75] Vgl. Dawes, in: Mail&Guardian, 13.03.2008.
[76] Vgl. Dawes, in: Mail&Guardian, 13.03.2008.

Um den Wiederaufbau des Gebietes zu finanzieren, erhielt der Trust von der Stadtverwaltung 1,6 Mio. ZAR. Da dies nicht genug war, um den ganzen Stadtteil wieder aufzubauen, erhielten sie weitere Spenden von Banken, Privatpersonen und Privatfirmen.[77] Jedoch lässt der Trust trotzdem verlauten, dass auch aktuell nicht genug finanzielle Mittel für den Bau der geplanten 4000-4500 Einheiten zur Verfügung stehen.[78]

Die Stadtverwaltung sah sich außerdem der Situation gegenüber, dass sich im Laufe der Jahre nach dem Ende der Apartheid einige Squatter auf dem Areal niedergelassen haben. Um das Land wiederum für eine Neuentwicklung freizuhaben, mussten diese letztendlich auch zwangsumgesiedelt werden. Die Stadt reagierte so auf einige zornige District Six Anwohner, die damit drohten die Hütten der Squatter niederzubrennen, da sie bereits seit Jahren auf ihre Umsiedlung zurück in den District Six warteten und diese Squatter den Prozess wiederum verlangsamten.[79] Zugespitzt lässt sich eine Parallele zwischen diesen Geschehnissen und denen in der Apartheid erkennen.

---

[77] Vgl. Jordaan, in: The Property Magazine, 2006.
[78] Vgl. Dawes, in: Mail&Guardian, 13.03.2008.
[79] Vgl. Mail&Guardian, 18.10.2005.

6 Kritische Betrachtung und Zukunftsaussichten

In der vorliegenden Arbeit wurde versucht mit Hilfe der Geschichte des District Six und der Gesetze der Apartheid die Hintergründe für die Entwicklungen und die heutige Situation in dem betrachteten Gebiet darzustellen.

Dabei soll dargestellt worden sein, dass viele unterschiedliche Faktoren zu der aktuellen Lage geführt haben. Bereits die erste Besiedlung des Areals durch europäische Kolonialisten kann zugespitzt als erster Schritt in die Richtung der Entwicklungen, wie wir sie jetzt kennen, gesehen werden. Die Reglementierungen der Apartheid legalisierten dann die Rassentrennung und hatten damit auch auf den District Six den entscheidenden Einfluss.

Die Unfähigkeit der Politiker und lokalen Einflussnehmer miteinander zu kommunizieren und sich auf ein Neuentwicklungskonzept festzulegen, brachte den Prozess des Wiederaufbaus zum Ende der Apartheid und in der Post-Apartheid ferner ins Stocken.

Von vielen Autoren romantisiert und als ein Ort von großer Besonderheit und gesellschaftlichem Zusammenhalt beschrieben – vorrangig da ein Großteil der Autoren eine persönliche Beziehung zum District Six haben oder hatten – lässt sich nicht abstreiten, dass der District Six ein Gebiet war, dass einen niedrigen Lebens- und Wohnstandard besaß und als Slum bezeichnet werden kann. Insbesondere die Autoren, die nicht selbst im District Six gelebt haben, benutzen diesen besonderen fast romantisch-melancholischen Stil das Leben im District zu beschreiben, während Autoren wie ALEX LA GUMA und RICHARD RIVE, die dort aufwuchsen, die Thematik und die Umstände eher kritisch betrachten.

Der Umfang der Proteste gegen die Umsiedlungen des District Six ist des Weiteren sehr einmalig. Bei keinem anderen Umsiedlungsprozess in Südafrika gab es so viele Gegner. Die Organisation Friends of District Six versuchte in den 1980er Jahren sogar den Präsidenten der USA, verschiedene internationale Hochschulen, Kirchen und andere nichtkirchliche Organisationen durch Briefe und die Zusendung von kleinen Säckchen mit gesegneter Erde von Orten im District, wo die Gebäude schon niedergerissen waren, auf die Situation aufmerksam zu machen.

Trotzdem ist das Gebiet aktuell immer noch weitgehend unentwickelt und aufgrund der Entscheidung zu einer organischen Entwicklung, wird es wohl auch noch einige Jahre dauern, bis der District Six wieder vollständig besiedelt ist und wahrscheinlich noch mehr Jahre, bis aus dem Gebiet wieder so ein lebendiges Viertel geworden ist, das es einmal war. Es bestehen jedoch berechtigte Zweifel, ob dies jemals der Fall sein wird.

Betrachtet man die aktuellen Entwicklungen, scheint es, als ob der wirkliche Kampf erst anfängt.

Literatur

- Bamford, Helen: Giant task of processing land claims. In: Cape Argus. 24.11.2000. Kapstadt.

- Bickford-Smith, Vivian: The Origins and Early History of District Six to 1910. In: In: Jeppie, Shamil; Soudien, Crain (Hrsg.): The Struggle for District Six: Past and Present. Kapstadt. 1990.

- Cape Argus: Our Struggle for District Six goes on. Kapstadt. 04.10.2004.

- Dawes, Nic: District Six uproar. 13.03.2008. Mail&Guardian Online. (http://www.mg.co.za/articlePage.aspx?articleid=334618&area=/insight/insight__national/#) (Zugriff 10.04.2008)

- District Six Museum Newsletter, Vol. 3, No. 1, Aug. 1998. Kapstadt.

- Dreyer, Nazma: It's heaven, says Dan, 82, after first night back in District Six. Cape Times. Kapstadt. 07.06.2004.

- Festenstein, Melville; Pickard-Cambridge, Claire: Land and race: South Africa's Group Areas and Land Acts, Johannesburg, South African Institute of Race Relations, 1987.

- Gnad, M.: Desegregation und neue Segregation in Johannesburg nach dem Ende der Apartheid. Kiel 2002 (Kieler Geographische Schriften Bd. 105).

- Hart, Deborah M.: Political Manipulation of Urban Space: The Razing of District Six, Cape Town. In: Jeppie, Shamil; Soudien, Crain (Hrsg.): The Struggle for District Six: Past and Present. Kapstadt. 1990.

- Jordaan, Lucinda: Re-living District Six. In: The Property Magazine. 2006. (http://www.thepropertymag.co.za/pages/452774491/articles/2004/August/Re-living_District_6.asp?templateID=888936552) Zugriff 10.04.2008

- Jürgens, Ulrich ;Bähr, Jürgen: Johannesburg: Stadtgeographische Transformationsprozesse nach dem Ende der Apartheid. In: Kieler Arbeitspapiere zur Landeskunde und Raumordnung. 1998.

- Legassick, Martin: Reflections of practising applied history in South Africa. 1994-2002: from skeletons to schools. Basel. 2002.

- Mail&Guardian: District Six rises from the rubble. 22.10.2000. Kapstadt. (http://www.mg.co.za/articledirect.aspx?articleid=222101&area=%2farchives%2farchives__onlin e_edition%2f) Zugriff 10.04.2008

- Mail&Guardian: DA wants squatters moved from District Six. 18.10.2005. Kapstadt. (http://www.mg.co.za/articlePage.aspx?articleid=254071&area=/breaking_news/breaking_news __national/) Zugriff 10.04.2008

- Mowszowski, Ruben: How to let District Six come to life again. In: The Sunday Independent. Kapstadt. 31.12.2000.
- Nasson, Bill: Oral History and the Reconstruction of District Six. In: Jeppie, Shamil; Soudien, Crain (Hrsg.): The Struggle for District Six: Past and Present. Kapstadt. 1990.
- Pistorius, Penny (Hrsg.): Texture and memory: the urbanism of District Six. Cape Town: Sustainable Urban and Housing Development Research Unit, Dept. of Architectural Technology, Cape Technikon, 2002.
- Restitution of Land Right Act. Südafrika. 1994
- Rive, Richard: District Six: Fact and Fiction. In: Jeppie, Shamil; Soudien, Crain (Hrsg.): The Struggle for District Six: Past and Present. Kapstadt. 1990.
- Saff, Grant: Changing Cape Town: urban dynamics, policy and planning during the political transition in South Africa. University Press of America. Lanham, New York, Oxford.1998.
- Schoeman, Chris: District Six: the spirit of Kanala. Kapstadt. Human & Rousseau, 1994.
- Smith, Ashley: Foreign aid sought for District Six renewal. In: Cape Argus. Kapstadt. 23.11.2000.
- Soudien, Crain: District Six: From Protest to Protest. In: Jeppie, Shamil; Soudien, Crain (Hrsg.): The Struggle for District Six: Past and Present. Kapstadt. 1990.